牧场设施设备实用技术系列丛书

农业部农业机械试验鉴定总站　编

中国农业科学技术出版社

图书在版编目（CIP）数据

生鲜乳运输车质量评价 / 农业部农业机械试验鉴定总站编. —北京：中国农业科学技术出版社，2016. 1
（牧场设施设备实用技术系列丛书）
ISBN 978 - 7 - 5116 - 2422 -2

Ⅰ. ①生… Ⅱ. ①农… Ⅲ. ①鲜乳—专用货车—质量管理 Ⅳ. ①TS252.2 ②U272.6

中国版本图书馆 CIP 数据核字（2015）第 317084 号

责任编辑 徐　毅
责任校对 贾海霞
出 版 者 中国农业科学技术出版社
北京市中关村南大街12号　邮编：100081
电　　话 （010）8210 9708（编辑室）　（010）8210 9702（发行部）
（010）8210 9709（读者服务部）
传　　真 （010）8210 6650
网　　址 http://www.castp.cn
经 销 者 各地新华书店
印 刷 者 北京华正印刷有限公司
开　　本 880 mm × 1230 mm　1/64
印　　张 1.25
字　　数 20 千字
版　　次 2016年1月第1版　2016年5月第2次印刷
定　　价 15.00 元

牧场设施设备实用技术系列丛书

《生鲜乳运输车质量评价》编委会

主　编　仪坤秀

副主编　邓荣臻　金红伟　张　健　王国梁

成　员　（按姓氏笔画排列）

孙　鑫　朱慧琴　李小明　杜　金

杨　瑶　肖建国　陈立丹　张晓亮

徐子晟　储为文　魏云霞

前言

生鲜乳运输车质量对于保障生鲜乳运输安全至关重要。农业部农业机械试验鉴定总站依托农业部生鲜乳运输车质量管理暂行规范项目研究，以QC/T 23-2014《生鲜乳运输车》和GB/T 13879-1992《贮奶罐》以及DG/T051-2012《农业机械推广鉴定大纲 贮奶（冷藏）罐》为基础，结合多年奶罐现场检测经验，编写了《生鲜乳运输车质量评价》一书。本书内容涉及生鲜乳运输车概述、质量评价指标和关键评价指标等内容，以期用于指导生鲜乳奶罐生产、生鲜乳运输车选购和生鲜乳运输车准运证发放过程中的生鲜乳运输车质量评价。其中，第一部分对基本定义和生鲜乳运输车的分类、结构以及各组成部分做了介绍；第二部分是全书最重要部分，对车体和罐体的各项质量基本要求、合格指标、检验方法做了详细的介绍；第三部分介绍了在实际运用中哪些指标尤为关键，包括人身安全、食品安全和性能方面的关键指标。

全书由仪坤秀担任主编，农业部农业机械试验鉴定总站相关技术人员参与了本书编写工作。需要说明的是，在本书编写过程中，我们吸收了诸多前辈、学者的研究成果，并得到了有关领导和专家的支持，内蒙古华农机械有限公司为本书提供了大量图片和帮助，在此，一并表示感谢！由于时间仓促和水平有限，书中难免有不当之处，敬请业界同仁和广大读者斧正。

编　者

2015年11月

 录

一 生鲜乳运输车概述

二 生鲜乳运输车质量评价指标

一　生鲜乳运输车概述

（一）定义

1. 生鲜乳运输车

生鲜乳运输车是指专门用于生鲜乳运输、采用定型汽车底盘改装的鲜奶运输车及鲜奶运输半挂车。

2. 额定容量

制造者规定罐的最大许可容量。

3. 生鲜乳

经过一次或多次挤取而获得的正常哺乳动物乳房分泌液，在此液体中，既不能添加，也不能提取任何物质，不加工处理和标定。

4. 水

为了便于试验，用来代替乳的适合

于人类饮用的水（水的冷却时间与乳几乎相同）。

5. 压力

除注明者外，压力均指表压力。

6. 保温性能

在规定的温度和环境条件下，罐体内额定容量的生鲜乳在单位时间内温度的变化值。

7. 残留量

生鲜乳运输车所载生鲜乳卸料后，在仓内的剩余量，用γ表示。

（二）分类与组成

1. 分类

分为车罐一体和半挂车两种形式。

车罐一体生鲜乳运输车按照GB/T15089《机动车辆及挂车分类》、GB/T3730.1《汽车和挂车类型的术语和定义》属于

N3类专用货车，即采用二类底盘上装不锈钢罐体的生鲜乳运输车辆，如图1－1所示。

半挂式鲜奶运输车按照GB/T15089《机动车辆及挂车分类》、GB/T3730.1《汽车和挂车类型的术语和定义》属于O4类专用半挂车，即一种运送生鲜乳的专用半挂车，如图1-2所示。

2. 组成

由车体和罐体两部分组成。

整车由车体、内胆、外壳、外壳骨架、侧拉钢带、支撑构件、保温人孔、进出料管路、清洗管路、爬梯及平台、电路总成等部件组成。

车体部分一般采用双管路气制动系统，主要由充气管路、操纵管路、紧急继动阀、ABS、储气筒、制动气室、接头等组成。充气管路与牵引车储气筒连接，操纵管路与牵

图1-1 车罐一体式鲜奶运输车

（a）罐体

（b）整车

图1-2　半挂式生鲜乳运输车

引车的制动阀连接。

罐体由奶仓（多个）、保温层和外壳等部分组成，其外形整体为类圆柱形，封头为碟形。奶仓内壁所有转角均为圆弧过渡，每个奶仓均设置人孔，用于检查、检修奶仓。人孔应密封良好，启闭方便。生鲜乳运输车应设置吸排清洗管路，两种管路有分别和集中控制各奶仓的阀门。清洗管路系统应能承受110℃的工作温度，仓内设1～2个旋转清洗球，对罐内进行自动清洗。清洗作业后，管路内应无积存清洗介质。吸排装置用于吸入、排出奶液及清洗内舱的清洗物料。奶罐车尾部一般设置有操作箱，操作箱设置有吸排装置的出入口及与奶液直接接触的操作工具等。操作箱应有良好的密封性。

内胆是贮奶的主体容器，直接与鲜奶接触，材质一般为304食品级不锈钢，内胆的两端部分焊接有密封封头，内胆一般含多个独立的奶仓，奶仓内壁所有转角均为圆弧过渡，其中，小于135° 转角半径大于25mm，奶仓之间依靠隔板隔开，减小了液态奶运输过程中的缓冲力。

外壳骨架固定于内胆上，是外壳的支撑结构，外壳一般由2mm厚304不锈钢板制成，这样，外壳与内胆之间就形成了封闭的腔体，在腔体内一般填充90～100mm的聚氨酯发泡，内胆与外壳一般非同心对称设置，偏心靠下，这样有利于下部保温隔热，因为，主要热传递来自底盘支撑部分的搭接。

进出料管路是原料奶进出的通道，进出料管铺设于奶罐底部最低端，保证出料时彻底干净，每一个独立的奶仓均有一个进料接口，每个进料接口连通于同一个主管道，这样可以保证进料时每个奶仓进料速度和液位相同。

清洗管路一般沿罐体一侧呈弧线铺设，每一个奶仓设立独立的清洗装置，清洗管路系统应能承受110℃的工作温度，仓内设

1～2个旋转清洗球，对罐内进行自动清洗。进出料管路和清洗管路的进口位置应设置有操作箱，干净卫生，操作方便，同时，起到保护管路的作用。

支撑构件与内胆接触面呈弧形配合，中间垫有胶垫，支撑构件与侧拉件固定，在车辆行驶过程中因刹车或转弯时惯性作用下使内胆可以在支撑构件上发生相对运动，如果焊接方式是固定连接则容易撕裂罐体。支撑构件落在车架两侧大梁上，分别与车架大梁上、下表面通过普通螺栓或U形螺栓紧固连接。

爬梯应结实、防滑。在罐体上方有操作平台，平台上一般铺设玻璃钢隔栅板，美观坚固。平台接于最前和最后端两个人孔间，便于司机或操作员工察看仓内情况或检修平台作业。

电路组成：半挂车设有与牵引车相适应的电气系统。主要由电连接器、电线束、后组合灯、侧标志灯、示廓灯、牌照灯、后雾灯、三角反射器等组成，起照明及发出各种信号的作用。电气系统电压为24V或12V。

二　生鲜乳运输车质量评价指标

（一）车体

1. 基本要求

（1）质量及外形尺寸

生鲜乳运输车在空载和满载两种工况下的总质量和轴载质量，应不大于底盘或半挂车允许的总质量和轴载质量；生鲜乳运输车的外廓尺寸、轴荷及质量参数应符合GB 1589的规定，侧倾稳定角应符合GB 12676的规定。我国的专用运输车辆产品实行公告审核制，企业需按照机动车运行安全技术条件等强制性国标要求进行设计、制造、检测。私自改装运输车，很容易因为超载和各项指标不达标引起侧翻、追尾等交通事故，如图2-1所示。另外，私自改装运输车普遍存在罐体超出车体现象，存在严重安全隐患。

图2-1　私自改装的运输车

（2）制动

生鲜乳运输车的制动应符合GB 7258的规定，生鲜乳运输半挂车的制动系统应符合GB 12676的规定。私自改装或加大罐体而超载，在紧急情况下，制动性会降低，易造成事故安全隐患。图2-2 为禁止私自改装和超载运输警示标识。

图2-2　禁止私自改装和超载运输警示标识

（3）照明

生鲜乳运输车的外部照明和光信号装置应符合GB 4785的规定。对于大型运输车照明和光信号装置不达标，容易引发安全事故，尤其在夜间行驶中，大型运输车如果照明和光信号装置不符合要求是极大的安全隐患。图2-3为生鲜乳运输车的外部照明和光信号装置示例。

（4）防护

生鲜乳运输车的侧面防护应符合GB 11567.1的规定，后下部防护应符合GB 11567.2的规定。侧面防护和后下部防护违规，易造成追尾卷入车底或侧面卷入车底安全隐患。图2-4为生鲜乳运输车的后下部防护和侧面防护示例。

图2-3　生鲜乳运输车的外部照明和光信号装置

图2-4　生鲜乳运输车的后下部防护和侧面防护

（5）噪声

生鲜乳运输车的加速行驶车外噪声应符合GB 1495的规定。如果生鲜乳运输车的加速行驶车外噪音过大，会对环境造成噪声污染，同时，会对车内人员身体健康造成损伤，尤其会增加驾驶员疲劳度，增加安全隐患。加速行驶车外噪音应符合国家标准，并经过认证，图2-5为生鲜乳运输车的加速行驶车外噪声测试。

（6）镀锌层和化学处理层

生鲜乳运输车镀锌层和化学处理层应符合QC/T 625的规定。镀锌层和化学处理层不达标，会影响部件耐腐蚀性，部件经不起运输过程中的碰撞，造成安全隐患。

图2-5　生鲜乳运输车的加速行驶车外噪声测试

（7）反光标志

生鲜乳运输车车身反光标志应符合GB 24254的规定，如图2-6所示。车身的反光标志必须符合国家标准，尤其在夜间行驶时，如果反光标志不符合要求，容易造成交通事故。

（8）冲压件

生鲜乳运输车冲压件，如图2-7所示，表面应平整光滑，无重皮、皱纹和其他明显的机械损伤等制造缺陷。劣质冲压、结构件缺陷通常有：麻点、瘪塘、波纹、变形、凸包、凹陷等。缺陷会加速表面锈蚀、机械强度性能下降、出现裂纹，影响车辆使用寿命，加大行车安全风险。

图2-6　生鲜乳运输车车身反光标志

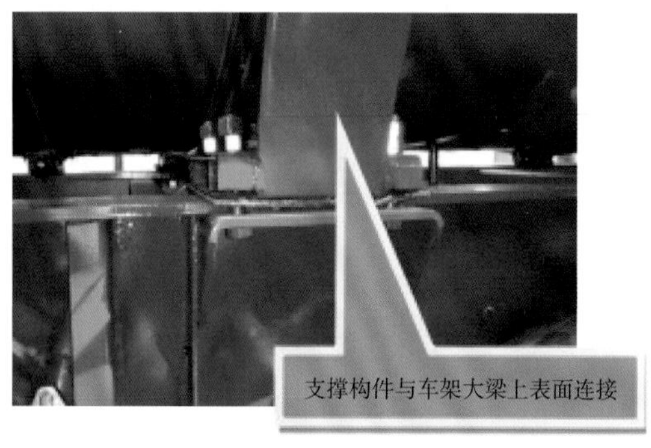

图2-7　生鲜乳运输车冲压件

（9）铆接

生鲜乳运输车铆接应牢固、可靠，所有铆钉应无歪斜、压伤、裂纹和头部损伤等缺陷，如图2-8（a）所示。铆接件主要是保证行车安全，劣质铆接不到位，图2-8（b）所示，会造成配件寿命减少、出现交通事故。

（10）可拆卸连接件

生鲜乳运输车所有可拆卸连接部位应牢固、可靠，在车辆行驶途中不应出现松动和位移现象。尤其对于私自改装运输车，存在不牢固安全隐患，如图2-9所示。

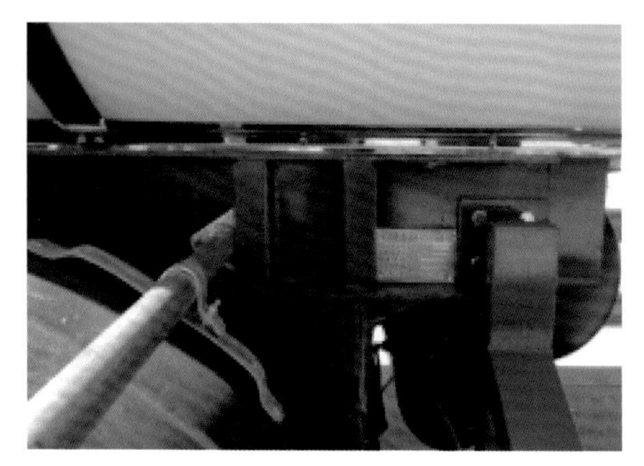

（a）良好铆接

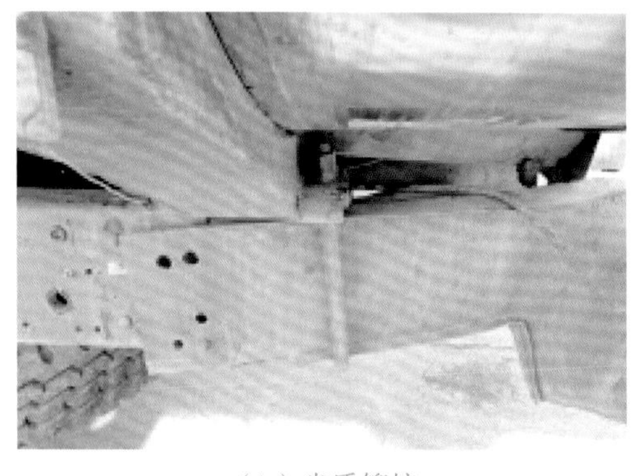

（b）劣质铆接

图2-8　生鲜乳运输车铆接优劣对比

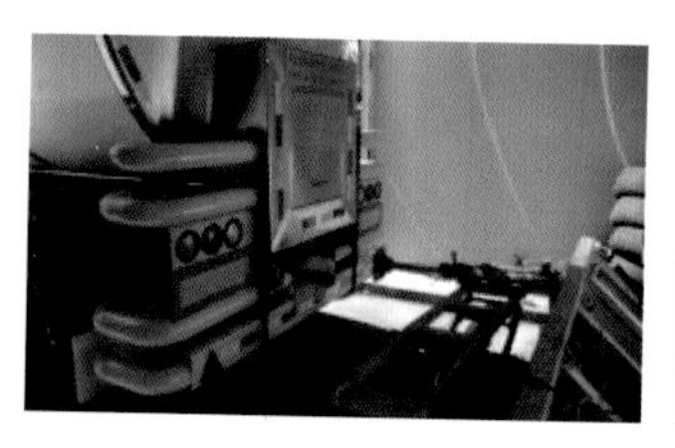

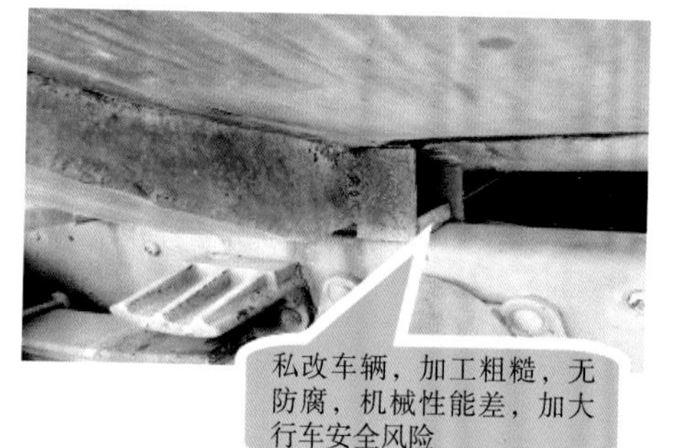

图2-9　可拆卸连接件优劣对比

（11）与生鲜乳接触的零部件

凡是与生鲜乳接触的零部件，其材料性能均应符合《中华人民共和国食品卫生法》的规定，并满足下列要求：

①罐体和有可能进入罐体与生鲜乳直接接触的零部件应使用奥氏体不锈钢，或经相关标准认可的材料制造。

②用于密封的材料应具有抗脂肪性能、无毒，不会污染生鲜乳，同时，在使用正常剂量的清洗剂和消毒剂进行清洁时，不会被腐蚀，符合GB 4806.1的规定。

③不锈钢钢管应符合GB/T 14976的规定。

不锈钢管应选择知名品牌钢管，不定期送检化验。购入每批钢管时，需要用X光光谱仪等设备先进行检验，保证其材质符合食品级要求。对供应商要有完善的控制程序和合作协议，最大程度保证真材实料。

④罐体用锻件应符合JB 4728的规定。

图2-10（a）与（b）为与生鲜乳接触的零部件材质优劣对比示例。

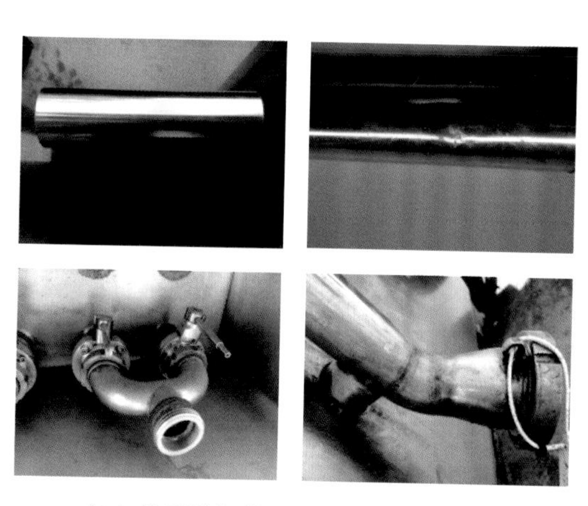

（a）优质零部件　　（b）劣质零部件

图2-10　与生鲜乳接触的零部件材质优劣对比

（12）油漆

生鲜乳运输车所有外露碳钢或低合金钢表面应进行除锈处理，如图2-11所示。生鲜乳运输车所涂油漆应色泽鲜明、分界整齐，无皱皮、脱落、污痕等缺陷，符合QC/T 484的规定。

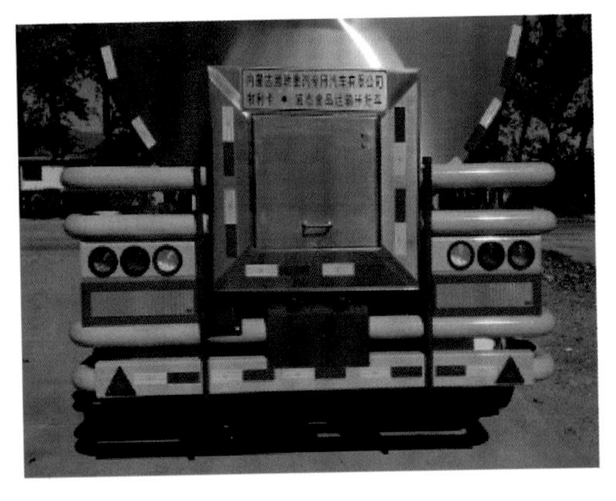

图2-11　生鲜乳运输车的油漆处理

2．整车基本性能试验和强制性检验

生鲜乳运输车的基本性能试验按QC/T 252的规定执行。生鲜乳运输车的外廓尺寸、侧倾稳定角、侧后下部防护、号牌板、加速行驶车外噪声、外部照明及光信号装置、车身反光标志、尾部标志板等强制性检验按相关强制性标准进行。汽车公告产品主要技术参数示例，如表2-1和表2-2。

表2-1　汽车公告产品主要技术参数示例一

ZH9FH4TY0A5	ZC

车辆名称：液态食品运输半挂车车辆型号：NTC9403GYS

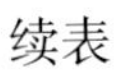

数据更新时间	2015-05-15（如果中机中心对数据进行了整理调整，此时间将同步更新，请关注相应的数据变化）/ TD< tr >		
产品号	ZH9FH4TY0A5	产品类别	1
企业名称	内蒙古腾驰重汽专用汽车有限公司	生产地址	呼和浩特市盛乐经济园区九强公司院内
制造国	中国	中文品牌	牧利卡牌
英文品牌		车辆型号	NTC9403GYS
车辆名称	液态食品运输半挂车		

续表

外形尺寸长	12 917	外形尺寸宽	2 500
外形尺寸高	3 702	货厢长	
货厢宽		货厢高	
弹簧片数	-/10/10/10	轴数	3
轴距	6 681+1 305+1 305	前轮距	
后轮距	1 840/1 840/1 840	轮胎数	12
轮胎规格	11.00-20 12PR，11.00R20 12PR，12R22.5 12PR	总质量	39 600
整备质量	13 520	额定质量	26 080
挂车质量		额定载客	
前排乘客		后排载客	
最高车速		轴荷	-/22995（并装三轴）

续表

载质量利用系数		半挂鞍座	16605
转向形式			
识别代号	LN9M40GY×××NTC×××		
底盘ID			
底盘型号及企业			
燃料种类		油耗	
依据标准			
发动机生产企业		发动机型号	
排量		发动机功率	
反光标志企业	3M中国有限公司	反光标志型号	983***
反光标志商标	3M	防抱死系统	

续表

其他	罐体有效容积36m^3。内罐尺寸（总长×直径）：12 650mm×1 920mm;外罐尺寸（总长×直径）：12 800mm×2 070mm，内外罐之间的保温层，起保温作用。运输介质为：冰淇淋。密度：750kg/m^3。ABS系统生产厂家：广州市科密汽车制动技术开发有限公司。型号：CM2XL-4S/2K（4S/2M）。侧面防护装置所用材料材质：钢板Q235A。连接方式：焊接。后下部防护装置所用材料材质：钢管Q235A。连接方式：螺栓。后部防护装置的断面尺寸：114mm。离地高度：540mm。可选装出料方式：车辆左后侧出料方式或后部出料方式。左后出料方式对应的是全平台后爬梯;后部出料方式对应的是半平台侧爬梯		
是否免检	2	免检期止	
撤销批次		撤销日期	
停产日期		停售日期	
发布日期	2015-05-13	批次	272
生效日期	2015-05-13		

表2-2　汽车公告产品主要技术参数示例二

ZLYLW4ZA01D	zc

车辆名称：液态食品运输半挂车车辆型号：NTC9404GYS：

续表

数据更新时间	2015-11-16（如果中机中心对数据进行了整理调整，此时间将同步更新，请关注相应的数据变化）		
产品号	ZLYLW4ZA01D	产品类别	1
企业名称	内蒙古腾驰重汽专用汽车有限公司	生产地址	呼和浩特市盛乐经济园区九强公司院内（盛乐一路1号）
制造国	中国	中文品牌	牧利卡牌
英文品牌		车辆型号	NTC9404GYS
车辆名称	液态食品运输半挂车		
外形尺寸长	11 689	外形尺寸宽	2 500
外形尺寸高	3 870	货厢长	
货厢宽		货厢高	

续表

弹簧片数	-/8/8/8，-/10/10/10，-/-/-/-	轴数	3
轴距	6 626+1 310+1 310	前轮距	
后轮距	1 840/1 840/1 840	轮胎数	12
轮胎规格	11.00R20 12PR，12R22.5 12PR	总质量	40 000
整备质量	10 000	额定质量	30 000
挂车质量		额定载客	
前排乘客		后排载客	
最高车速		轴荷	-/24000（并装三轴）
载质量利用系数		半挂鞍座	16000
转向形式			
识别代号	LN9M40GY×××NTC×××		

续表

底盘ID			
底盘型号及企业			
燃料种类		油耗	
依据标准			
发动机生产企业		发动机型号	
排量		发动机功率	
反光标志企业	常州华日升反光材料有限公司；3M中国有限公司；常州华威反光材料有限公司；道明光学股份有限公司	反光标志型号	TM1200-1；983D；HW1400；DMCT1000
反光标志商标	通明；3M；3N；DM	防抱死系统	有

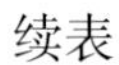
续表

其他	有效容积34.34m^3，罐体为双层保温罐，外胆罐体直径2 270mm，长11 487mm。内胆罐体直径2 010mm，长11 059mm，保温层厚度130mm。运输介质为：食用油。密度为915kg/m^3。ABS型号为：CM2XL－4S/2K（4S/2M）；4005000880，ABS生产厂家：广州科密汽车制动技术开发有限公司；威伯科汽车控制系统（中国）有限公司。侧，后防护材料：Q235。连接方式：螺栓连接，防护下边缘离地最大高度500mm，截面尺寸：160mm×60mm		
是否免检		免检期止	
撤销批次		撤销日期	
停产日期		停售日期	
发布日期	2015-11-06	批次	278
生效日期	2015-11-06		

（二）罐体

1．基本要求

（1）罐体内壁转角

奶罐内壁所有转角均应圆弧过渡，其中，小于135° 的转角半径不得小于25mm。奶罐内侧用焊接方式设置零件，零件表面与内壁夹角应不小于90° ，焊缝圆弧半径不小于6mm，否则，应改为可拆卸的连接方式。生鲜乳中含有乳蛋白、乳脂肪等多种活性物质，卸奶后这些成分仍然会附着在内胆壁上，奶罐圆弧小于135。的转角、半径小于25mm，夹角小于90° 的部位，清洗喷头不易清洗，会有存留，长时间积累会形成奶垢，成为微生物滋生的温床，严重影响生鲜乳质量。

（2）焊缝

奶罐内所有焊缝应抛光，罐体底部500mm范围内的环焊缝应磨平。罐体内胆环缝对接焊会有1.5mm左右的余高和焊接纹路，这部分凸起和纹路会产生存奶，罐体焊缝很多，非常狭小的焊缝起伏会造成罐内大面积存奶，滋生大量微生物，故必须做多道抛光处理。抛光后粗糙度不得超过50μm，才可以达到清洗球清洁效果。图2-12（a）和（b）为奶罐焊接优劣对比示例。

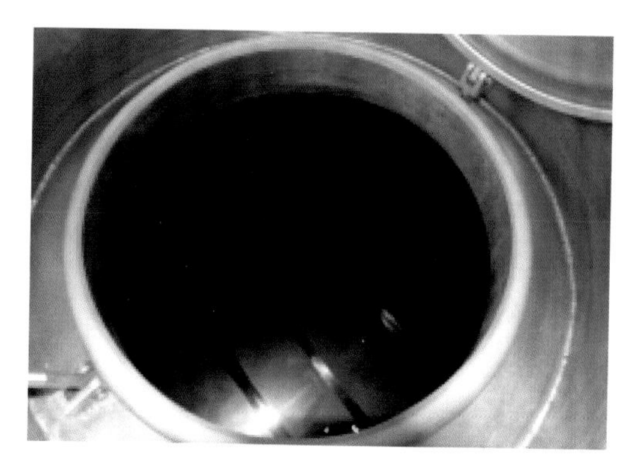

（a）优质焊接

（b）劣质焊接

图2-12　焊接优劣对比

（3）静态力

罐体在运输工况中所承受的静态力按下列原则确定。

①纵向：最大载质量乘以两倍的重力加速度。

②横向：最大载质量乘以重力加速度。

③垂直向上：最大载质量乘以重力加速度。

④垂直向下：最大载质量乘以两倍的重力加速度。

生鲜乳运输车罐体最常见的问题就是内胆泄漏，图2-13为奶罐内胆示意图。罐体结构和骨架随着车速、路况颠簸和液体晃动的受力冲击非常大。如果设计有缺陷或者设计时未虑其静态力，内胆和防波板会撕裂造成生鲜乳泄漏，罐车使用寿命会大大降低。

图2-13　奶罐内胆

（4）设计压力

罐体的设计压力应不低于充装、卸料时的操作压力，且应不低于36kPa。罐体在装载密封行驶状态下，其内部承受着一定的压力。设计压力不达标，会撑裂罐体，造成内胆撕裂。

（5）耐压性

罐体在焊接完成后应进行耐压试验，在1.2倍的设计压力下，罐体应无漏气、无可见的变性、无异常的响声。

具备生产资质的工厂，奶罐车在完成内胆焊接后必须按要求打压、保压，并留有检验记录，作为正常检验项目纳入到质量管理中。

（6）气密性

在罐体的设计压力下，保压10min，罐体及所有连接部位不得有泄漏。

（7）防波板

当奶仓容积大于7.5m³，应设置防波板，相邻防波板之间及防波板与封头或隔舱之间的几何容积应不大于7.5m³。防波板的有效面积应大于罐体横截面积的40%，防波板上端到罐体顶部的距离应不大于罐体内高的20%。防波板的设置应考虑方便检修人员进出。防波板的作用是减小液体对罐体封头的冲击，保证其耐用性和行车安全性。防波板有多种，一般采用背靠背设计方案，可有效地化解、减小相邻两仓之间的牛奶对罐体的冲击。实践证明，正确安装防波板可延长生鲜乳运输车使用寿命，并提高行车稳定性。

（8）人孔设置

每个奶仓应至少设置1个人孔，人孔设在罐体顶部一般采用外开式，设在其他位置应采用内开式。人孔应采用公称直径不小于450mm的圆孔或短轴不小于350mm、长轴不小于500mm的椭圆孔。人孔密封垫应方便拆洗。生鲜乳运输车辆设置人孔最主要的用途是在检修罐体时使检修员可以进出罐体。其次是用于目测检查生鲜乳质量和罐体清洗洁净度。生鲜乳运输车有顶部人孔和下部人孔两种。按国内乳品厂、牧场操作习惯，采用顶部人孔较多。顶部人孔设置，如图2-14所示。

在气温较高的情况下，人孔是罐体内外重要温度传导点，如果隔温效果差，会严重影响生鲜乳质量。人孔盖均由各厂家自行设计、制造，样式型号多样，其中，采用双层人孔较为先进，最大的优势在于其热量传导非常小。其次加工精度和人孔盖口、支耳、手轮的细节处理也很重要。压形及设计结构缺陷的工艺和模具，人孔盖密封性差，容易产生奶渍，直接影响罐体卫生度和生鲜乳质量。

图2-14　罐体的人孔设置

（9）安全附件

生鲜乳运输车的人孔在罐体顶部时，罐体顶部可仅安装进气阀，如图2-15所示，进气阀应在罐内压力低于外界压力2kPa-3kPa时开启。进气阀的总通气截面积，应不低于该仓密闭装料管道和卸料管道截面积两者中的最大值。进气阀应配有空气过滤装置。生鲜乳运输车的人孔不在罐体顶部时，罐体顶部应安装进气阀和排气阀，进气阀应配有空气过滤器，防止杂物进入罐体，污染生鲜乳。

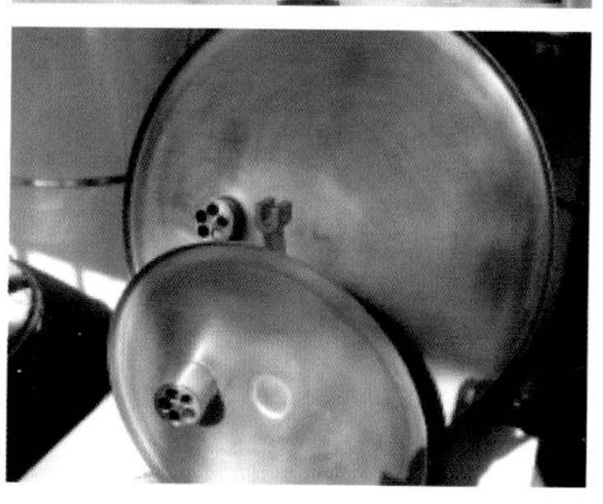

图2-15　罐体的进气阀

（10）阀门

阀门不应有积液现象，其结构应能方便清洗。图2-16为一种阀门示例。

图2-16　生鲜乳运输车罐体的阀门

（11）管路设计

①管路：应设置卸料管路和清洗管路，两种管路中应有分别或集中控制各仓的阀门，管路中各连接部件应连接可靠，不应有渗漏现象。卸料管路和清洗管路出口应集中置于操作箱内。管路设计时应考虑方便人员进出罐体。管路应尽可能减少拼接、弯道，便于清洗。管路的设计应能避免因热胀冷缩、机械振动等造成的损坏，必要时，应考虑设置温度补偿及紧固装置。清洗管道系统应能承受110℃的工作温度。清洗管道系统应能满足清洗和蒸汽消毒或其他消毒方式作业的要求，除了要求人工清洗的部位以外，该系统的设计和安装应保证清洗液能施加到所有与生鲜乳接触的表面。管路中应不会产生积液（图2-17）。

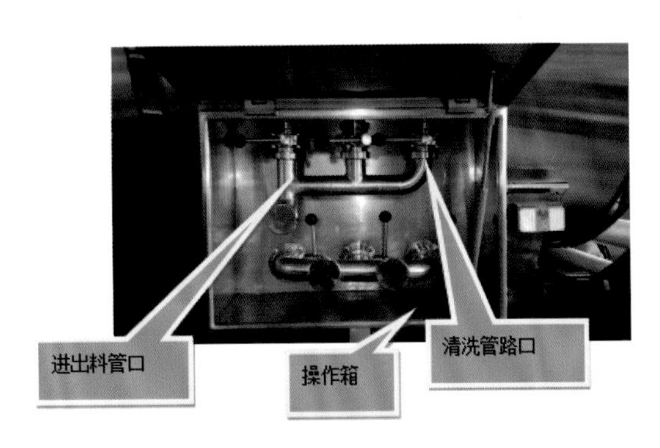

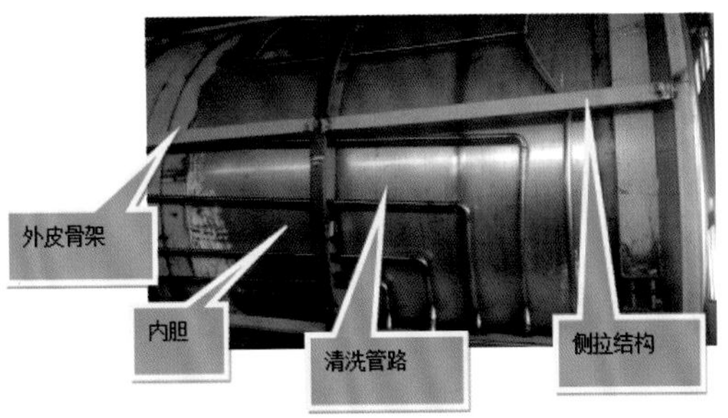

图2-17　罐体的管路设计

②管路接头：生鲜乳运输车的管路接头应采用螺纹连接式或夹紧式，对于与食品接触的精加工表面，其表面粗糙度Ra≤0.8μm。采用螺纹连接的管路接头，螺纹样式可以采用梯形或圆弧形螺纹，并符合GB/T21359的规定（图2-18）。

③泵送系统：泵送系统应具备吸入、排出等功能。泵送系统应能连续工作不低于4h，扬程不低于5m。泵送系统应能承受1.5倍泵出口的额定工作压力，保压5min不应渗漏。管路最低处应设置残液排出口。国内奶罐车基本没有泵送系统，全部由牧场挤奶厅、乳品厂收奶间配置卫生泵。

④装卸软管：软管材料具有抗脂肪性能、无毒、不会污染生鲜乳，符合GB 4806.1的规定。软管与接头的连接应牢固、可靠、便于清洗，并配有防尘盖。软管不应有老化、堵塞等问题。软管在承受4倍的装卸系统最高工作压力时不应破裂。软

（a）劣质管路接头

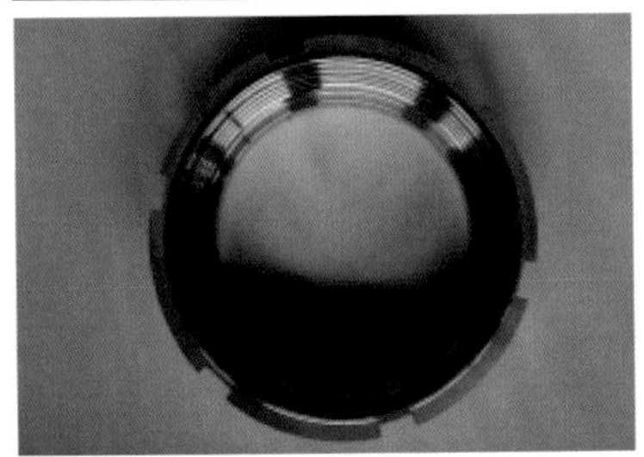

（b）优质管路接头

图2-18　优劣管路接头对比

管在1.5倍装卸系统最高工作压力下，保压5min不应泄漏。目前，国内车辆基本不配置此软管，所有卸奶软管由牧场、乳品厂配备。

（12）保温和保温层外壳材料

①保温材料：罐体用保温材料应具有良好的化学稳定性，不吸潮，应对罐体无腐蚀作用，不会溢出有毒物质，并能满足工作温度的要求。优质罐体一般采用整体式发泡，采用30～40kg密度聚氨酯发泡剂加阻燃剂，无接缝、密度高、强度好、安全环保、外形美观、保温可靠。整体式发泡工艺较复杂、加工难度大，一般小作坊企业无法保证加工要求。劣质的发泡剂，发泡不均匀、不充分、成型差、无阻燃，造成保温性差，局部温度升高，在气温较高时，影响生鲜乳质量（图2-19）。

图2-19　罐体的保温层

②外壳材料：保温层外壳材料应选用不锈钢镜面板或不锈钢板抛光成镜面。优质外壳一般采用304不锈钢镜面板或2B、拉丝板面。封头与外壳、人孔与外壳等连接处圆弧过渡，外形美观、易清洗，抗清洗液腐蚀，经久耐用。劣质板面易锈蚀，尤其人孔接缝处、出料箱、清洗口容易生锈、存料，细菌滋生，影响生鲜乳质量（图2-20）。

图2-20　罐体的外壳材料（一）

图2-20　罐体的外壳材料（二）

（13）操作箱

操作箱应能保证管路系统的控制和显示部分的合理布置，并能布置管路的出入口及与生鲜乳直接接触的操作工具、附件等。操作箱应有良好的密封性，能防止雨水、灰尘等的污染，并便于清洗（图2-21），否则，生锈、灰尘等会导致生鲜乳受到污染。

（14）计量机构

计量机构应工作可靠、计量准确、读数清晰，便于清洗、观察和操作。目前国内车辆一般未配置计量装置，由乳品厂过地磅计重。

图2-21　操作箱

（15）罐顶工作平台和扶梯

罐体顶部可设工作平台，平台应具有防滑功能，且在600mm或300mm的面积上能承受3kN的均布载荷。当平台距地面高度大于2m时，平台周围应设置固定或可折叠的护栏。扶梯应便于攀登，连接牢固，具有防滑功能，扶梯宽度应不小于350mm，步距应不大于350mm，每级梯板能承受1 960N的载荷（图2-22）。

图2-22　罐顶工作平台和扶梯

2. 罐体基本性能试验和强制性检验

（1）耐压试验

耐压试验在罐体上的所有焊接完成后，在保温层安装前进行。试验压力应不小于罐体设计压力的1.2倍。耐压试验时，应采用两个量程相同的压力表，量程不小于试验压力的1.5倍，不大于试验压力的4倍。耐压试验可采用液压试验或气压试验的两者之一进行。

①液压试验：罐体充液后，应排尽罐内气体，保持罐体外表面的干燥。试验时，压力应缓慢上升，达到试验压力后，保压30min，然后再降至设计压力，保压以进行检查。检查期间不应继续加压，且压力应稳定。试验过程中不应带压紧固螺栓或向受压元件施加外力。液压试验合格后，应排尽罐

内液体并保持干燥。液压试验时，可同时进行罐体容积测定和残留量的测定。

②气压试验：试验所有的气体应为干燥洁净的空气、氮气或其他惰性气体。气压试验时，应有通过批准执行的安全措施。气压试验时，压力应缓慢上升，达到试验压力后，保压30min，然后再降至设计压力，保压进行检查。检查期间不应继续加压，且压力应稳定。试验过程中，不应带压紧固螺栓或向受压元件施加外力。气压试验的整个过程，用肥皂液或其他检漏液检查是否渗漏。

（2）气密性试验

罐体经耐压试验合格后，方可进行气密性试验，试验所用的气体应为干燥洁净的空气、氮气或其他惰性气体。气密性试验应在所有安全附件安装好后进行。气密性试验时，压力应缓慢上升，达到设计压力后，保压10min，对罐体及所有连接部位进行检查，不应有泄漏。

（3）保温性能

将（4±0.5）℃的水注入罐体内至额定容量。测定水温，盖好盖子，静置24h。在24h之内，至少测量2次水的温度，分别在10h和20h左右，在液面的上、下两部位用多点测温仪测量。24h试验结束后，立即用准确度为±0.1℃的温度计测定水温，并计算平均温升，温升值不得超过2℃。在整个试验周期内环境温度应不低于15℃且不高于35℃。为了便于试验，可以用适合于人类饮用的水代替生鲜乳进行试验（水的冷却时间与乳几乎相同）。

（4）残留量

以清水为试验介质，通过测定注入和排出的试验介质的容积之差，确定各仓残留量。试验场地应为平坦坚实的场地。试验车应为整备质量状态，半挂车应与牵引车挂接好，轮胎气压应符合规定。试验车的各仓内应干燥，关闭好卸料阀门。用若干有刻度的量筒往各个仓分别注入80L清水。开启各仓卸料阀门，让各仓清水分别流入各量筒，当出口处清水呈滴状流出5min后，结束试验。试验结果的计算：

$\gamma_i=80-v_i$

式中：

γ_i——各仓的残留量，L；

v_i——各仓分别流出清水的体积，L；

残留量应符合表2-3的要求。

表2-3 残留量

各仓容积（m^3）	≤5	5～10	10～15	15～20	20～25	25～30	30～35
最大残留量（L）	0.5	1	1.5	2	2.5	3	3.5

（5）清洗能力试验

向罐体内胆全部内壁均匀喷洒乳，致全部内壁均有乳的痕迹，然后清洗设备，按照说明书规定的时间正常运转清洗，结束后进行目测检查，内胆的全部内壁应完全被清洗液冲净，无奶迹、无死角。

（6）额定容量与最大容量比值的测定

乳罐调整在基准位置，向乳罐内注水直至液面离人孔10cm左右时，注入水的总体积即为最大容量V_{max}。按式（1）计算比值。

$$i = \frac{V}{V_{max}} \times 100 \tag{1}$$

式中：

i——额定容量与最大容量比值，（%）

V——额定容量，单位为升（L）；

V_{max}——最大容量，单位为升（L）。

（7）标牌

生鲜乳运输车必须有产品标牌，标牌的固定、位置及型式应符合GB/T 18411的规定（图2-23）。标牌内容应符合GB 7258的规定，至少应包括以下内容。

①产品名称、型号。

②额定容量。

③车辆整备质量。

④厂定最大总质量。

⑤出厂日期。

⑥出厂编号。

⑦生产厂名称。

⑧车辆识别代码。

图2-23　生鲜乳运输车必须有产品标牌

（8）标志

所有操作手柄，均应有操作指示标志。例如，图2-24生鲜乳运输车警告标志（一），警示装卸生鲜乳时，离心泵的流量扬程较大，必须打开人孔盖，否则，会造成内胆变形泄漏。图2-25生鲜乳运输车警告标志（二），为工作台防跌落注意标志，粘贴于梯子与工作台处，提醒操作人员防止从高处跌落，避免造成意外伤害。

图2-24　生鲜乳运输车警告标志（一）

工作台防跌落注意标志。粘贴于梯子与工作台处。提醒操作人员防止从高处跌落，避免造成意外伤害。

图2-25　生鲜乳运输车警告标志（二）

三、关键指标

1. 关键人身安全指标

①质量。

②制动。

③照明。

④防护。

⑤噪声。

⑥反光标志。

⑦罐顶工作平台和扶梯。

⑧安全附件。

2. 关键食品安全指标

①与生鲜乳接触的零部件。

②罐体内壁转角。

③焊缝。

④人孔设置。

⑤管路设计。

3. 关键性能指标

①整车基本性能试验和强制性检验。

②耐压试验。

③气密性试验。

④保温性能。

⑤残留量。

⑥清洗能力试验。

⑦额定容量与最大容量比值的测定。

⑧标牌。

⑨标志。